Control de la Marchitez *Fusarium oxisporum f.sp. medicaginis* en Alfalfa, *Medicago sativa* L. en el Valle de Mexicali, Baja California

Kenneth Jharym Martinez-Varela

Carlos Ceceña-Durán

Daniel González-Mendoza

Onécimo Grimaldo-Juárez

OmniaScience

CONTROL DE LA MARCHITEZ *FUSARIUM OXISPORUM F.SP. MEDICAGINIS* EN ALFALFA, *MEDICAGO SATIVA* L. EN EL VALLE DE MEXICALI, BAJA CALIFORNIA

Autores:

Kenneth Jharym Martinez-Varela
Carlos Ceceña-Durán
Daniel González-Mendoza
Onécimo Grimaldo-Juárez

Universidad Autónoma de Baja California

ISBN: 978-84-944229-4-2

DOI: http://dx.doi.org/10.3926/oms.275

ÍNDICE

ÍNDICE DE FIGURAS

ÍNDICE DE GRÁFICAS

ÍNDICE DE TABLAS

Resumen

El objetivo general en el presente estudio, fue establecer estrategias para el control de la marchitez, en el cultivo, bajo las condiciones ambientales del Distrito de Riego 002, en Baja California. En la fase de laboratorio se utilizaron las determinaciones de uso común: aislamiento en cámara húmeda, técnica de siembra en papa, dextrosa, agar y reaislamiento para verificación de agente causal. Se realizó un proceso de caracterización fungosa, para la descripción de las estructuras del patógeno detectado, incluyendo: esporulación y características miceliales. La aplicación y evaluación del efecto de los tratamientos durante el ciclo agrícola 2011, incluyó: 1. Testigo absoluto (Sin aplicación), 2. *Trichoderma sp.* (T22 a razón de 2.0 L/Ha), 3. *Trichoderma sp.* (T 22 a razón de 4.0 L/Ha), 4. BUZAN 30 WB (Dosis normal a razón de 350 ml/Hectárea) y 5. BUZAN 30 WB (Dosis doble, con 700 ml/Hectárea). Las variables consideradas en el estudio fueron: Rendimiento expresado en gm^2, porcentaje de incidencia, altura de planta, grosor de tallo y análisis económico. Se utilizó un diseño con arreglo en franjas y distribución en bloque al azar, incluyendo cuatro repeticiones por tratamiento. La información obtenida se procesó mediante análisis de varianza y la prueba de comparación de *Tukey* al 0.05. Se concluyó que el mejor control del patógeno se generó con el tratamiento de Buzan 30 WB, a dosis de 700 ml/ha, al reducir hasta en un 55.34 %, la incidencia de la enfermedad e inducir el mayor rendimiento expresado en gm^2 de peso fresco, con 675.0, lo que significó un incremento porcentual relativo de 92.86, respecto al testigo absoluto.

CAPÍTULO 1

Introducción

Las consecuencias directas del ataque de enfermedades en las plantas, se ha traducido durante siglos en mermas económicas y cambios obligados de cultivos; además, a nivel internacional pueden considerarse como un factor que influye directamente en el desarrollo económico, ya que las pérdidas de rendimiento en los cultivos, induce un proceso de importación o bien, la disminución de divisas como parte de una estructura económica. Las plagas y enfermedades ocasionan pérdidas que oscilan en poco más del 25 % de las cosechas al año en todo el mundo (Agrios, 2010). Los agentes causales de las enfermedades en las plantas son muy variados, entre los que podemos citar a las bacterias, virus, nematodos y hongos; a estos últimos por su gran diversidad de géneros y especies, estructuras de resistencia y habilidades reproductivas, se les considera como los principales microorganismos nocivos para las plantas (Ceceña, 1999). En referencia a los desórdenes bióticos de las especies cultivables, Mc Naw (1998), afirma que existen descritas más de 100,000 especies fungosas, de las cuales 3,000 se consideran fitopatógenas, causantes de aproximadamente 80,000 enfermedades. García (1974), describe que en México se reportan 183 géneros de cultivos susceptibles con más de 2,200 enfermedades ocasionadas principalmente por hongos, bacterias, virus, nematodos y plantas parásitas; de éstas aproximadamente el 50 % (1048), generadas por 156 géneros de microorganismos fungosos. No obstante, en el país, la producción agrícola continua generando un fuerte impacto socio-económico (Stamatis, 1993). Dicha superficie es cultivada principalmente en tres zonas climáticas diferentes: I: Zona cálido seco; II: Zona cálido sub-húmedo y III: Zona semiárida, (Arias, 1997). En este sentido, el estado de Baja California, está ubicado en la zona tres, considerado como una entidad agrícola importante, ya que más del 98.0 % de la superficie se explota mediante una agricultura moderna (S.A.G.A.R.P.A. 2010). Sin embargo los cultivos están siendo afectados gradualmente por fitopatógenos de diversos grupos, siendo los hongos y los nematodos los principales agentes causales; influenciados muy probablemente por la práctica de monocultivo y la liberación de variedades mejoradas con especial atención al factor rendimiento (Mendoza, 1996). En el Valle de Mexicali, las enfermedades en los cultivos se han estado detectando, y en mayor proporción las del tipo vascular, es decir aquellas enfermedades que se desarrollan en la raíz o en la base del tallo, afectando el libre flujo del agua y los nutrientes en las plantas. El cultivo del algodonero por ejemplo, ha experimentado problemáticas relacionadas con el ataque de *Rhizoctonia solani* Khún, desarrollando la enfermedad conocida como secadera de plántulas o efecto" damping off" (Ceceña, 2000). Otro problema del mismo tipo, es el provocado por el hongo *Urocystis cepulae* en el cultivo de ajo, enfermedad denominada carboncillo ó carbón, daño que se evita solo si se aplican fungicidas específicos de manera preventiva, al momento del establecimiento del cultivo (Ceceña, 2001). En diversas especies hortícolas, entre los géneros de patógenos fungosos de mayor impacto, se ha registrado a *Fusarium spp.* principalmente en la familia de las solanáceas, en particular en tomate, una enfermedad que en los últimos años ha afectado drásticamente el establecimiento y la producción de diversas hortalizas, no obstante estudios realizados con patrones resistentes, han brindado una alternativa de manejo para el control de este desorden parasitario. Desafortunadamente, la incidencia de las enfermedades radiculares también ha tenido como hospederos susceptibles a cultivos de la clase Dicotiledónea (Magnoliopsidae), llamados técnicamente como especies de hoja ancha, dentro de las que se encuentra el cultivo de la alfalfa. Para el Valle de Mexicali, la alfalfa, significa el segundo cultivo de importancia con más de 32,000 ha (Cortés; *et al*, 1999). Sin embargo la especial atención prestada hacia el manejo y control de malezas e insectos, ha permitido gradualmente el arraigo y distribución de problemas de origen infeccioso, manifestados año tras año con mayor frecuencia en esta especie forrajera. Muestreos efectuados en diversos predios, han demostrado la presencia, interacción y efecto de estos microorganismos en los suelos. Por tal motivo es necesario obtener información sobre la dinámica fitopatológica existente, así como formular estrategias de solución a la marchitez en el cultivo de alfalfa, para disminuir la intensidad y severidad de la enfermedad, con el propósito de inducir eficazmente la protección de sus parámetros agronómicos, para incrementar bajo estas condiciones, la calidad del forraje, actividad de gran importancia para la productividad agrícola de la región.

1.1. Objetivo

Evaluar el efecto de diversos productos para el control de la marchitez en el cultivo de alfalfa, bajo las condiciones ambientales del Distrito de Desarrollo Rural 002, Baja California.

1.2. Hipotesis

Las hipótesis que se plantearon en este experimento fueron:

Ho: No se obtendrá un control efectivo con la aplicación de productos contra la marchitez en alfalfa, bajo las condiciones ambientales del DDR 002, B.C.

Ha: Al menos en uno de los tratamientos evaluados, se obtendrán resultados efectivos, para el control de la marchitez en alfalfa, bajo las condiciones ambientales del DDR 002, B.C.

CAPÍTULO 2

Revisión de literatura

2.1. Aspectos generales del cultivo de alfalfa

2.1.1. Historia del cultivo

La alfalfa es la principal especie forrajera que se cultiva en todo el mundo. Esta especie pertenece al género *Medicago*, que comprende alrededor de 83 especies, de las cuales dos terceras partes son anuales y el resto son perennes (Small y Jomphe, 1988). Según Quirós y Bauchan (1988) el centro primario de diversidad de la alfalfa estuvo en el medio oriente, en la región del noreste de Irán, en el norte de Turquía y en la región del Cáucaso. Durante la expansión del Islam en los siglos VII y VIII, la alfalfa se distribuyó a diferentes partes de Europa, Asia y África (Rumbaugh et al., 1988). La alfalfa se introdujo a la región del centro de México durante la conquista española, de donde se extendió a lo que son ahora los estados de Hidalgo, Puebla, Guanajuato, Jalisco y Michoacán (Salinas, 2000).

Actualmente, la alfalfa se cultiva desde el norte del país hasta algunas partes altas en el sureste del país. En el centro y norte de México la alfalfa (*Medicago sativa* L.) es un cultivo muy popular entre los agricultores, teniendo un papel muy importante en la producción de leche en estabulación y en la elaboración de concentrados alimenticios para aves, ganado de engorda y equinos. Se estima que se cultivan alrededor de 300,000 hectáreas de alfalfa bajo condiciones de riego en todo el país, sobresaliendo los estados de Guanajuato y Chihuahua como los líderes en superficie sembrada. Otros estados productores de forraje de alfalfa son Hidalgo, Puebla, Querétaro, Michoacán, Jalisco y Baja California.

2.1.2. La alfalfa en Baja California

La alfalfa es el principal cultivo forrajero del Valle de Mexicali, aunque también existen superficies considerables en la Zona costa. A nivel estatal se cuenta con una superficie sembrada promedio en los últimos cinco años de 29,000 hectáreas, distribuidas con el 97 % en el Valle de Mexicali y el 3 % en la Zona Costa (Ensenada, Tecate, Tijuana y Playas de Rosarito). Según datos del sistema producto alfalfa, de este cultivo se utiliza el 75 % de su totalidad para alimentar aproximadamente 50,000 cabezas de ganado lechero, 15 % de bovinos productores de carne y el 10 % restante para la elaboración de alimentos concentrados. El bajo rendimiento del cultivo durante el invierno ocasiona una deficiencia de forraje en la región, lo que origina que se recurra a la importación de los Estados Unidos. El problema de la sequía en gran parte de la República Mexicana tuvo un impacto benéfico para los productores de alfalfa del Valle de Mexicali durante el 2011 y, de manera moderada, en los primeros meses del 2012. En el Valle de Mexicali se encuentra una superficie de 25,462 hectáreas del cultivo alfalfa, de las cuales surge una producción promedio de 642,655 toneladas anuales. Actualmente, la mezcla de venta es: exportaciones, 19 %; comercialización a otras entidades, 21 %, y para el consumo local, 60 por ciento.

2.1.3. Descripción botánica del cultivo

La alfalfa pertenece a la familia de las leguminosas, se trata de una planta frondosa, vivaz y de porte erecto. Hughes en 1978, cito que la alfalfa es una leguminosa herbácea perenne muy extendida (Figura 1).

2.1.4. Descripción organográfica

2.1.4.1. La raíz

La raíz principal es pivotante, robusta y muy desarrollada (hasta 5 m. de longitud) con numerosas raíces secundarias. Posee una corona que sale del terreno, de la cual emergen brotes que dan lugar a los tallos.

2.1.4.2. El tallo

Son delgados y erectos para soportar el peso de las hojas y de las inflorescencias, además son muy consistentes, por tanto es una planta muy adecuada para la realización de los cortes.

2.1.4.3. Las hojas

Son trifoliadas, aunque las primeras hojas verdaderas son unifoliadas. Los márgenes son lisos y con los bordes superiores ligeramente dentados.

2.1.4.4. La flor

La flor característica de esta familia es la de la subfamilia Papilionoidea. Son de color azul o púrpura, con inflorescencias en racimos que nacen en las axilas de las hojas.

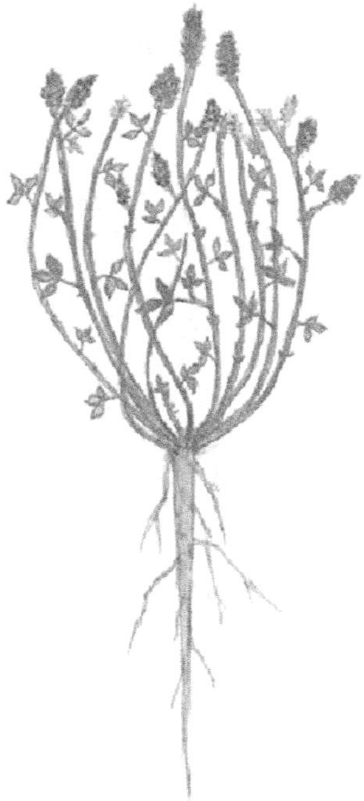

Figura 1. Planta de alfalfa mostrando sus órganos en estado de madurez.

2.1.4.5. El fruto

Es una legumbre indehiscente sin espinas que contiene entre dos y seis semillas amarillentas, arriñonadas y de 1.5 a 2.5 mm de longitud.

2.1.5. Caracterización del cultivo de alfalfa en el Valle de Mexicali, B.C.

Los aspectos relacionados con el manejo tradicional del cultivo de alfalfa bajo las condiciones del Valle de Mexicali, se señalan en la Tabla 1.

Período de siembra	**Octubre-Noviembre**
Densidad de siembra	35 a 40 Kg/Ha
Variedades	Cuf-101, P-5888, Sundor, Cóndor, Pierce, Nk-819, UC Cibola.
Utilización	Henificado
Fecha promedio al primer corte	Diciembre – Marzo
Número de cortes verano	Cuatro con rendimiento de 2 a 2.5 Ton/Ha
Número de cortes otoño-invierno	Cuatro con rendimiento de 1 a 1.5 Ton/Ha
Días entre cortes	De 25 a 28 días en verano y de 35 a 38 días en invierno
Pacas/ha./corte	45 a 60 en verano y 20 a 35 en otoño-invierno
Peso promedio/paca	45 a 55 Kg.
Rendimiento promedio seco total	13 a 17 Ton/Ha
Precio promedio seco	2 mil 250 a 2 mil 800 Tonelada (Diciembre de 2011)
Destino de la producción	Estatal, Local, Nacional, Exportación, Autoconsumo

Tabla 1. Caracterización del cultivo de alfalfa en el Valle de Mexicali. Ciclo agrícola 2012-2013.

2.1.6. *Clasificación taxonómica de la alfalfa*

Los niveles taxonómicos que corresponden a esta especie forrajera, se detallan en la Tabla 2.

Reino:	*Plantae*
División:	*Magnoliophyta*
Clase:	*Magnoliopsida*
Subclase:	*Aosidae*
Orden:	*Fabales*
Familia:	*Fabaceae*
Tribu:	*Rifolieae*
Género:	*Medicago*
Especie:	*Sativa* L.

Tabla 2. Niveles taxonómicos contemplados en el cultivo de alfalfa.

2.2. Antecedentes y descripción del patógeno

El patógeno es una agente causal de desórdenes vasculares importantes a nivel mundial. La siguiente, es una información en relación a este género fitoparasitario, que sin duda permitirá su mejor manejo y control.

2.2.1. *Aspectos generales del patógeno*

Los aislamientos provenientes de daños vasculares originados por este hongo, pueden variar tanto en su virulencia como en su morfología (Armstrong *et al.*, 1940; Mai y Abawi, 1987). De hecho se han señalado variaciones principalmente en dos direcciones, cantidad del micelio aéreo y disminución de la tasa de crecimiento radial, pudiendo ocurrir en la segunda transferencia o réplica, o permanecer constante hasta la décima sexta transferencia. Dichas variantes generalmente se mantienen estables en los caracteres culturales, pero en algunos casos pueden llegar a desarrollarse variantes secundarios (Abawi y Baker, 1984). En relación con las estructuras del hongo, las macroconidios son producidas en esporodoquios sobre conidióforos ramificados en la superficie de las plantas infectadas o en un medio de cultivo artificial. También pueden ser producidas en formas simples en el micelio aéreo (especialmente en un medio de cultivo). Los microconidios presentan formas ovaladas y se originan sobre microconidióforos cortos en el micelio aéreo (Mace y Bell, 1981; Mai y Abawi, 1987). Ambas pueden ser formadas en los vasos xilemáticos de las plantas infectadas, pero las microconidias son las que usualmente predominan en estos tejidos. Estas estructuras sirven como fuente de diseminación del hongo dentro y fuera de las plantas (Mace y Bell, 1981). Las clamidosporas poseen paredes gruesas de color oscuro, y su producción es abundante sobre los tejidos infectados en estados avanzados de la enfermedad, se originan en las hifas o conidios, por condensación de sus contenidos. Usualmente se forman solas o pueden estar intercaladas o en la parte terminal de las hifas (Pegg, 1985). Son consideradas estructuras de resistencia, y pueden permanecer en el suelo en estado de latencia por un largo período de tiempo, en presencia o ausencia de hospederos y su diseminación ocurre con el movimiento de suelos, semillas o materiales de propagación infectados (Dongo y Muller, 1969; Mai y Abawi, 1987). Se ha demostrado que la temperatura óptima para el crecimiento y esporulación del patógeno es 30ºC; Es capaz de crecer y esporular sobre un amplio rango de valores de pH (óptimo a pH 7,5-8,5); creciendo mejor en condiciones de oscuridad continua (Olutiola, 1978). Las clamidosporas al germinar, llegan a crecer sobre las raíces en los diferentes puntos de contacto, hasta lograr entrar directamente a las mismas o por heridas. Martínez (1989), observó en plantas de ajo colectadas en el campo y otras inoculadas en el laboratorio, una necrosis basal de color marrón claro a nivel del cuello, la cual tiende a ser ascendente hacia el ápice de la misma, y una marchitez regresiva en las hojas; en algunos casos se presentó una curvatura en las mismas semejantes a una epinastia. El aspecto general de la planta fue de raquitismo, observándose en algunas hojas, líneas cloróticas paralelas a las nervaduras. Al realizar cortes transversales y longitudinales del tallo, observó una coloración oscura de trayectoria ascendente, que evidencia la obstrucción de los haces vasculares. Esta sintomatología ha sido señalada en México y en Japón en el mismo cultivo, y en crisantemo (Alvarado y Mendoza, 1990; Yoo *et al.*, 1991).

2.2.2. Sintomatología

Coloniza los conductos xilemáticos de la planta; bloqueando y tapando los vasos, lo que determina la aparición de síntomas típicos de la enfermedad que se caracteriza por un marchitamiento y/o color amarillo, de abajo hacia arriba, que se puede observar en la pre-floración o la época de llenado de semilla, principalmente entre los meses de mayo y octubre. En las plantas con etapas avanzadas se encuentran la presencia de una masa blanca-algodonosa, que consiste en el cuerpo del patógeno (micelio y esporas), especialmente en las zonas más húmedas. Cuando se manifiesta plenamente la enfermedad, en campo se pueden observar manchones semicirculares que varian entre 2 y mas de 30 metros de diametro (Figura 2).

2.2.3. Signos de la enfermedad

Los principales signos de la enfermedad son los macroconidios y microconidios así como el desarrollo micelial al que corresponde un micelio tabicado, como una

Figura 2. Diversas imágenes de los síntomas de la enfermedad de la marchitez en alfalfa, a nivel campo.

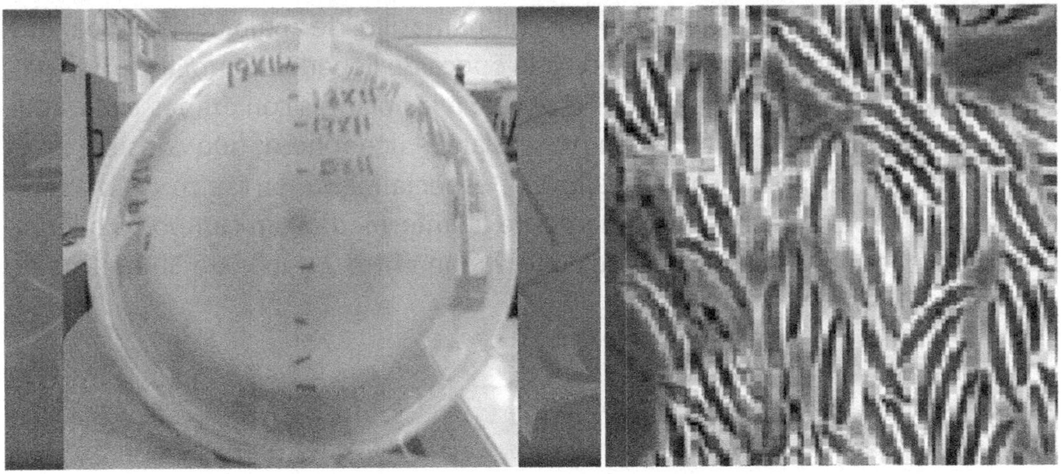

Figura 3. En la imagen de la izquierda se observa el desarrollo micelial del patógeno. En la derecha se aprecian los macroconidios típicos del género Fusarium. *Fuente laboratorio de Fitopatología del instituto de Ciencias Agrícolas de la Universidad Autónoma de Baja California.*

caracterización microscópica. Su desarrollo *In-vitro,* muestra un crecimiento micelial abundante de color blanquecino cremoso, con hábito rastrero, principalmente (Figura 3).

2.2.4. Clasificación taxonómica del patógeno

Regularmente, para describir los niveles taxonómicos de los microorganismos patógenos, se utilizan los niveles que se describen en la Tabla 3.

Reino	Subreino	Filo	Subfilo	Clase
Fungi	Dikarya	Ascomycota	Pezizomycota	Sordariomycetes
Orden	**Familia**	**Género**	**Especie**	***f. sp.***
Hypocreales	Nectriaceae	Fusarium	Oxisporum	Medicaginis

Tabla 3. Clasificación taxonómica del agente causal de la marchitez de la alfalfa.

2.2.5. Clasificación clásica del patógeno

Los niveles taxonómicos que corresponden a este género patogénico se describen en la Tabla 4.

Reino:	Fungi
División:	Eumycotina
Clase:	Deuteromycota /Ascomycota
Género:	Fusarium
Especie:	Oxisporum
Raza fisiológica:	Medicaginis

Tabla 4. Niveles taxonómicos contemplados en la taxonomía clásica.

2.2.6. Estrategias de control en cultivos

El manejo integrado de enfermedades, es una disciplina agronómica que requiere de una secuencia lógica de actividades programadas efectivamente, con el objetivo principal de lograr la sanidad vegetal. Por tal motivo es necesario el estudio de los siguientes temas:

2.2.6.1. Control cultural

Este aspecto requiere de la experiencia y habilidad del agrónomo para recomendar según se requiera la acción apropiada. Entre las que se consideran las siguientes:

a) Selección y preparación adecuada de un suelo.
b) El uso de semilla certificada.
c) Empleo de variedades resistente.
d) La rotación adecuada de cultivos.
e) Manejo eficiente del riego y la nutrición vegetal.

2.2.6.2. Control biológico

Esta alternativa en el control de enfermedades es relativamente nueva, sin embargo adquiere mayor importancia por el impacto que representa hacia la conservación del medio ambiente. Entre los productos de uso común en el mercado, podemos citar:

a) Aspire (*Cándida olephila*), tiene efecto contra variaz enfermedades en poscosecha.
b) AQ 10 (*Ampelomyces quisqualis*), es recomendado para el control de cenicilla polvorienta en algunos cultivos.
c) BINAB T (*Trichoderma spp.*) controla *Verticillium sp.*
d) SoilGard 12G(*Gliocladium*), se recomienda para el control de damping off.
e) *Trichoderma sp.*

2.2.6.3. Control Físico

Este tipo de control implica la utilización de factores del medio ambiente. El más comúnmente usado es el calor, mediante técnicas que tiendan a inducir el efecto de la temperatura en localidades donde se desarrollan con mayor exposición e intensidad, práctica denominada solarización.

2.2.6.4. Control Legal

Las medidas tendientes a evitar la diseminación de fitopatogenos de áreas afectadas hacia zonas libres, es una disposición federal a cargo de la SAGARPA a través de del Comité Estatal De Sanidad vegetal, apoyados por organismos relacionados directamente con la producción de sector agropecuario como la Universidad Autónoma de Baja California a través de Instituto de Ciencias Agrícolas. Un ejemplo de esto lo representa las campañas fitosanitarias dirigidas contra el carbón parcial del trigo (*Neovosia indica*), donde se contemplan estrategias que actualmente han dado excelentes resultados.

2.2.6.5. Control Químico

El uso de productos químicos dentro del control de enfermedades, involucra dos etapas fundamentales.

2.2.6.5.1. Control químico preventivo

Esta etapa implica la utilización de ingredientes activos que actúen como barrera que impida la relación huésped-parásito *p.e.* azufre agrícola, oxicel, azufre 325 etc. Pueden ser utilizados productos de efecto erradicante, desinfectante, fumigante y esterilizante. Por ejemplo: Basamid, cloropicrina, vapam sodio, bromuro de metilo, oxamil, entre otros.

2.2.6.5.2. Control químico curativo

La acción del ingrediente activo, así como características propias y útiles para cada producto, se describen en la Tabla 5.

Nombre comercial	Ingrediente activo	Dosis	Recomendado contra:
Basamid*	Dazomet	400 Kg. 300 a 700 g por $10m^2$	Fumigante del suelo contra el complejo fungoso: *Rhizoctonia, Fusarium, Alternaria, Verticillium* etc. Controla a ciertas malezas y nematodos.
Derosal	Carbenzadin	250 – 500 ml	Controla cenicillas polvorientas, antracnosis, *Fusarium, Cercospora, Sclerotinia, Botrytis* y *Rhizoctonia.*
Tecto 60 Arbotect	Thiabendazol	40 a 750 g por 100 L de agua	Controla daños de pudrición por *Fusarium Rhizoctonia, Thielaviopsis, Sclerotium, Septoria, Tilletia, Sclerotinia.*
Buzan 30 WB		Puede ser aplicado al momento de la siembra sobre el suelo usando un equipo de aspersión que se acopla al tractor. La dosis empleada es de 3 a 6 L por hectárea usando un volumen de agua de 200 a 400 L/ha. La semilla, se ajusta la dosis, manejando hasta 700 c.c.	Es un fungicida de amplio espectro de contacto y con cierta acción fungistática (gas), efectivo para prevenir y controlar los principales hongos fitopatógenos que se encuentran en el suelo y que afectan los cultivos, causando serias enfermedades, como: *Fusarium spp, Phytophthora spp, Verticillium spp, Rhizoctonia spp.*

Tabla 5. Nombre comercial, ingrediente activo, dosis y recomendación de los productos.

Aun cuando los productos relacionados anteriormente controlan al grupo de los imperfectos, el más recomendable por la eficacia del control observada contra el patógeno, en el cultivo, fue Buzan 30 W.B.

CAPÍTULO 3

Materiales y métodos

3.1. Localización geográfica del Valle de Mexicali

Este valle se encuentra ubicado entre los 31º 40' y 32º 40' de latitud N, y de los 114º 45 y 115º 40 longitud W, tomando como referencia el meridiano de Greenwich. La altitud del valle varía entre 2.00 metros bajo el nivel del mar en la línea internacional con los Estados Unidos y 43.00 metros sobre el nivel del mar en el extremo NW del valle, aproximadamente en lo que se conoce como entrada del Río Colorado. En el extremo sur la altura es de 5.00 metros sobre el nivel del mar, lugar hasta donde llegan las mareas máximas del Golfo de California.

3.2. El clima de la región

De acuerdo al sistema de clasificación de Thorwaite modificado por Contreras arias 1958, el clima de esta región se clasifica como extremadamente seco con deficiente humedad todo el año, cálido y muy extremoso correspondiendo a las siglas; E (d) B' I© según Koppen, modificado por García (1994); el clima regional se clasifica como Bw (H') hs (X') (e') definiéndose como desértico y con régimen pluvial solo en invierno. La temperatura media anual es de 22.3ºC, los meses calurosos de temperatura máxima son: junio, julio y agosto, las heladas se presentan esporádicamente durante los meses de diciembre y enero principalmente. La precipitación pluvial media anual es de 60 mm. La evaporación es fuerte y varia en el año desde 49.6 mm, en diciembre hasta 294.5 mm durante junio. Los vientos generalmente con dirección noroeste ocurren en los meses de octubre a mayo durante los meses de junio a septiembre se presentan con dirección sur. Los vientos dominantes a nivel regional son el norte, noreste y noroeste, ocurren durante octubre a abril. Los vientos del sursureste y suroeste, dominan la temporada de calor durante julio y agosto; y con mayor intensidad se registran entre febrero y mayo, pudiendo alcanzar velocidades hasta de 45 km/h.

3.3. Suelos de la región

El origen mineralógico de los suelos del Valle de Mexicali es indeterminado, pues estos provienen de los detritus intemperizados de un gran número de rocas, arrastrados por la aguas del Río Colorado, antes de la construcción de las presas de almacenamiento Hoover, Davis y Parker, localizadas en la parte alta de la cuenca del colorado en los E.U.A. Los suelos son aluviales, formados por deposiciones sucesivas de los materiales en suspensión y arrastre que en grandes volúmenes transportaba el río colorado en su trayectoria hacia el golfo de California. Por otra parte, los suelos situados en una faja angosta colindante con las sierras que limitan al valle por el Oeste, son aluviales y coluviales formados por el acarreo y depósitos de materiales procedentes de la desintegración de las rocas originarias de estas sierras. En ellos se distinguen dos materiales de aluvión; el primero, ocupa los niveles más altos y han formado suelos de textura gruesa, más desarrollados y típicamente desérticos, que corresponden al material más antiguo; y el segundo, que se localiza en niveles más bajos, donde se han formado suelos de partículas más finas, menos desarrollados y típicamente salinos. En un estudio de suelos efectuado en el Valle de Mexicali, se identificaron seis series y 26 tipos de suelos tomando como base la textura. Las series definidas, tomando como base la superficie que ocupan son: Gila Fase Pesada 142,940 ha, Gila Fase

Ligera 104,920 ha, Imperial 45,800 ha, Holtville 13,900 ha Meloland 1,020 ha y Supertition 430 ha. (García 1992).

3.4. Características de suelo en el experimento

Las características correspondientes al suelo donde se efectuó el estudio se describen en la Tabla 6.

Profundidad de muestreo	30 centímetros
PH	7.91
C.E.	5.06 ds/m
RAS	5.25 %
Textura	Franco-limosa

Fuente laboratorio de riego y drenaje del instituto de Ciencias Agrícolas de la Universidad Autónoma de Baja California.

Tabla 6. Principales características del suelo en el área de estudio, Valle de Mexicali, Baja California.

3.5. La vegetación en la zona

La vegetación primaria del área de estudio, corresponde a un matorral desértico microfilo, el cual se distingue por la predominancia de elementos arbustivos de hoja o foliolo pequeño. La vegetación primaria ha desaparecido en una gran superficie donde se desarrollan las plantas de cultivo; sin embargo, todavía se pueden localizar sitios donde se encuentran algunas especies características del área como son: mezquite (*Prosopis juliflora*), gobernadora (*Larrea tridentata*), cachanilla (*Pluchea serícea*), chamizo (*Atriplex policarpia*), zacate salado (*Distichlis stricta*), pinillo salado (*Tamarix pentandra*) y chamizo cenizo (*Atriplex astata*). La vegetación secundaria está compuesta por los principales cultivos de la zona como: trigo, cebada, rye-grass, algodón, maíz, sorgo, alfalfa y hortalizas, así como la introducción de especies (malezas) como trompillo o enredadera (*Ipomoea irsutula*), quelite (*Amaranthus spp*), tomatillo (*Phisalis sp*), cadillo (*Xanthium sp*), verdolaga (*Portulacea oleracea*), zacate pinto o de agua (*Echinocloa colonum*), (García 1992).

3.6. Ubicación del área de estudio

La unidad experimental se encuentra ubicada en N 32 28.418 W 115 00 183 altitud 16 m, las cuales corresponden a una parcela agrícola perteneciente al Ejido Chiapas 1, tal y como se señala en la Figura 4, como punto B.

De igual forma, en la Figura 5 se puede apreciar la distribución de la enfermedad del tipo vascular, caracterizada por manchones que en ocasiones se unen,

Figura 4. El Valle de Mexicali, donde se cultivan aproximadamente 207,000 hectáreas de diversas especies agrícolas.

Figura 5. Predio ubicado en el ejido Chiapas 1, en el Valle de Mexicali, Baja California, utilizándose aproximadamente 4,000 m² de superficie experimental.

ubicándose la fase experimental en cuatro melgas al margen derecho de la parcela.

3.7. Actividades previas al experimento

Las actividades relacionadas con el manejo agronómico aplicado al cultivo de alfalfa, se describen a continuación:

3.7.1. Preparación del suelo

La preparación del terreno es una práctica que integra una serie de labores que van destinadas a proporcionar condiciones ideales de manejo de suelo, temperatura, humedad y aireación del suelo, de tal manera que se den condiciones favorables para la mejor germinación de la semilla, emergencia de plántulas, penetración de raíces y desarrollo del cultivo. Tales actividades se describen a continuación.

3.7.1.1. El barbecho

Tiene como objetivo mejorar las condiciones físicas del suelo, además de incorporar los residuos de cosecha y los de la maleza, aumentar la fertilidad y el contenido de materia orgánica del suelo. Con ello se atenúan las condiciones adversas de los suelos pesados y ligeros, ya que se mejora su estructura y aumenta su capacidad de retención de humedad. Además, al voltear el suelo, se exponen plagas invernantes que son destruidas por diferentes agentes bióticos y climáticos, con los que se ejerce un control adicional de plagas y enfermedades. Al mismo tiempo se exponen semillas de maleza en diferentes estadíos de germinación, lo cual contribuye a disminuir su infestación.

3.7.1.2. El rastreo

Mediante esta labor, los terrones grandes que quedan después del barbecho se desmenuzan y facilitan la nivelación del suelo para lograr una buena cama de siembra, además ayuda a sellar el suelo y eliminar malas hierbas.

3.7.1.3. La nivelación

El objetivo de esta labor es de emparejar la superficie del suelo para evitar la existencia de irregularidades en el terreno, que originan encharcamientos o falta de humedad en los cultivos. Se realiza inmediatamente después del rastreo, con la niveladora denominada land plane.

3.7.1.4. Método y densidad de siembra

La siembra se llevó a cabo con 30 kg de semilla por hectárea utilizando una drilla, en una siembra en plano.

3.7.1.5. La fertilización en el cultivo

Por lo general, no es recomendable aplicar nitrógeno a la alfalfa ya que sólo basta tratar la semilla con un inoculante específico de buena calidad. Cuando se sospeche o se tiene la certeza de que el terreno donde se establecerá la alfalfa es sumamente pobre, que se le ha sobre explotado o que no se ha cultivado con alfalfa anteriormente, por única vez se podrían aplicar de 40 a 50 kg de N/ha al momento de la siembra. Con esta medida se asegura el establecimiento de las plántulas y el desarrollo de sus raíces mientras se establece la relación simbiótica con las bacterias. El caso del fósforo y el potasio es diferente. Estos nutrimentos por fuerza tienen que ser abastecidos por el suelo o fertilizantes orgánicos o inorgánicos.

Diversos estudios realizados por investigadores del INIFAP en el Campo Experimental La Laguna indican que los suelos de la región tienen un contenido disponible de medio a bajo en fósforo y muy alto en potasio. También se sabe que el fósforo es un elemento que tiende a ser fijado en formas no asimilables para la planta, a causa del exceso de carbonato de calcio presente en los suelos regionales. En diversos estudios realizados en la región aunque no publicados, se ha encontrado respuesta en rendimiento a la aplicación de fósforo, pero no a la aplicación de potasio. Por las razones mencionadas se sugiere fertilizar la alfalfa con una aplicación anual de fósforo a razón de 6.7 kg de ^{P2O5} / ton de forraje seco que se pretenda cosechar. Esto es equivalente a 14.5 kg de superfosfato de calcio triple (46 % P2O5) por tonelada de forraje seco por producir. Aplicaciones de potasio y otros elementos secundarios o microelmentos se sugieren sólo en áreas donde se detecten deficiencias de ellos.

3.7.1.6. *Calendario de riegos*

Los riegos efectuados variaron en número y momento de aplicación correspondientes al manejo en función de las fechas de siembra establecidas para este experimento, durante el período octubre a mayo.

3.8. Problemas fitosanitarios

La alfalfa, siendo un cultivo perenne se expone a las cuatro estaciones del año, por lo cual la diversidad de problemas que se pueden presentar es muy diversos.

3.8.1. Gusano Verde

Es la larva de un Coleóptero (Escarabajo) de la familia Curculionidae, *Phytonomus variabilis*. Los adultos, marrones y de unos 5 mm de longitud, invernan enterrados en el suelo y salen en primavera, época en que ponen los huevos. Las larvas son las que causan los mayores estragos, devorando hojas y brotes; generalmente, los máximos daños tienen lugar en el segundo corte del alfalfar.

3.8.2. Chinche Lygus

La chinche lygus (*Lygus spp.)* es un insecto chupador de 6 mm de largo, oval y color café verdoso, con una marca de color amarillo en el dorso. Las ninfas se diferencian de los adultos por su menor tamaño y carencia de alas. Los adultos son de movimientos rápidos y capaces de volar, lo cual les permite escapar de sus enemigos naturales; muchas veces obligan al agricultor a realizar contra ella la primera aplicación de la temporada. La chinche ataca malezas y esporádicamente: alfalfa, cártamo, ajonjolí, soya, algodón y toda clase de cultivos agrícolas. Los adultos succionan la savia de las plantas, principalmente de las terminales y las hojitas tiernas, distorsionándolas y ocasionando la caída de los botones florales. Acusan su ataque las distorsiones, los botones secos y el crecimiento exagerado y sin fructificaciones de las plantas atacadas.

3.8.3. Enfermedades detectadas

Dentro de las enfermedades se presentaron marchitamientos por *Fusarium*, provocando una baja población de planta en el predio. De igual forma se observaron manchones de diversos tamaños, tendientes generalmente a ser circulares oscilando entre los dos y los 25 m. de diámetro.

3.9. Tratamientos aplicados

Los tratamientos contemplados en el experimento fueron cinco, los que se describen en la Tabla 7.

Tratamiento	Descripción
T1	Testigo absoluto (Sin aplicación)
T2	*Trichoderma sp.* (T22 a razón de 2.0 L/Ha)
T3	*Trichoderma sp.* (T 22 a razón de 4.0 L/Ha)
T4	Buzan 30 WB (Dosis normal de 350 ml/Hectárea)
T5	Buzan 30 WB (Dosis doble, con 700 ml/Hectárea)

Tabla 7. Tratamientos evaluados en la producción del cultivo de alfalfa bajo el efecto de diversos productos fungicidas. Valle de Mexicali, B.C.

3.10. Variables evaluadas en el experimento

La descripción de las variables de respuesta consideradas en el experimento, se describen en la Tabla 8.

3.11. Análisis e interpretación estadística

Las variables propuestas en la investigación se sometieron a un diseño completamente al azar (D. C. A.) de acuerdo a la naturaleza del estudio. Así mismo se realizó un análisis de varianza (ANVA), aplicando la prueba de comparación de

No. variable	Variable agronómica	Descripción
1	Rendimiento	El rendimiento se determinó cosechando el total de plantas existentes dentro de la parcela útil, pesándolas en una balanza de reloj con capacidad de 10 kg. Los resultados se calcularon en g de forraje en fresco por m^2.
2	Porcentaje de incidencia	El porcentaje de incidencia de la enfermedad se determinó diferencialmente en relación a los valores determinados entre el ciclo agrícola 2011 y 2012; resultantes de las mediciones de las áreas infectadas en el predio de estudio, en cada caso. Se expresa en porcentaje.
3	Altura de planta	Esta variable se determinó al momento del corte, midiendo la altura de la planta desde el nivel del suelo hasta el extremo superior de la hoja central, en cinco puntos elegidos aleatoriamente, en la superficie muestreada, expresado en centímetros.
4	Grosor de tallo	Esta variable se determinó al momento del corte, midiendo mediante un vernier, el grosor de la planta tomando la medida a la mitad del tallo en cinco puntos elegidos aleatoriamente, en la superficie muestreada, expresado en milímetros.
5	Análisis económico	Se realizó un análisis comparativo del costo de aplicación de los productos utilizados, considerando un valor promedio del precio actual en el mercado de agroquímicos.

Tabla 8. Variables de respuesta definidas en el cultivo de alfalfa por efecto de diversos productos fungicidas. Valle de Mexicali, B.C.

medias Tukey al 0.05 (Steell y Torrie, 1998), en apego al siguiente modelo estadístico:

$$Y\hat{\imath}j = \mu + \alpha\hat{\imath} + \Sigma\hat{\imath}j + \partial\hat{\imath}j$$

Donde:

$Y\hat{\imath}j$ = Variable de respuesta del $\hat{\imath}$-ésimo tratamiento en la j-ésima repetición.
μ = Media poblacional.

$\alpha\hat{\imath}$ = Efecto del *î*-ésimo tratamiento.
αj = Efecto del *j*-ésima repetición.
$\partial\hat{\imath}j$ = Error experimental.

La parcela útil dentro del experimento fue de un metro cuadrado, utilizando cuatro repeticiones por cada tratamiento, procediendo a cosechar el forraje cuando se observó el desarrollo óptimo para corte.

CAPÍTULO 4

Resultados y discusión

Los resultados obtenidos demuestran una respuesta muy sobresaliente para el caso de algunos de los tratamientos evaluados en el experimento, manifestándose en las variables analizadas y en particular en los componentes de rendimiento, tal y como se describe a continuación:

4.1. Rendimiento

En relación al rendimiento, se aprecia que los tratamientos utilizados demostraron grandes diferencias en las zonas tratadas. Se pudo observar que el tratamiento con BUZAN D.D. con 675.0 g de peso fresco por m^2, fue el más destacado (Gráfica 1), en el experimento. En segundo lugar se agruparon tres tratamientos con 569.0, 544.0, y 513.0 g de peso fresco, correspondiendo a los productos BUZAN D.S., T22 D.D. y T22 D.S., respectivamente. El tratamiento testigo, solo logro inducir un rendimiento expresado en gramos por metros cuadrados de tan solo 350.0

4.2. Porcentaje de incidencia

En la Gráfica 2, se puede observar que solo tres de los tratamientos evaluados originaron resultados positivos, destacando la aplicación con Buzan 30 W.B. a una dosis de 700 ml/Ha., con el que se logró un 55.34 % de reducción de la zona afectada por el patógeno, seguido del tratamiento con el mismo producto, pero con la mitad de la dosis (350 ml/Ha.), obteniendo solo 6.99 % de reducción y en tercer

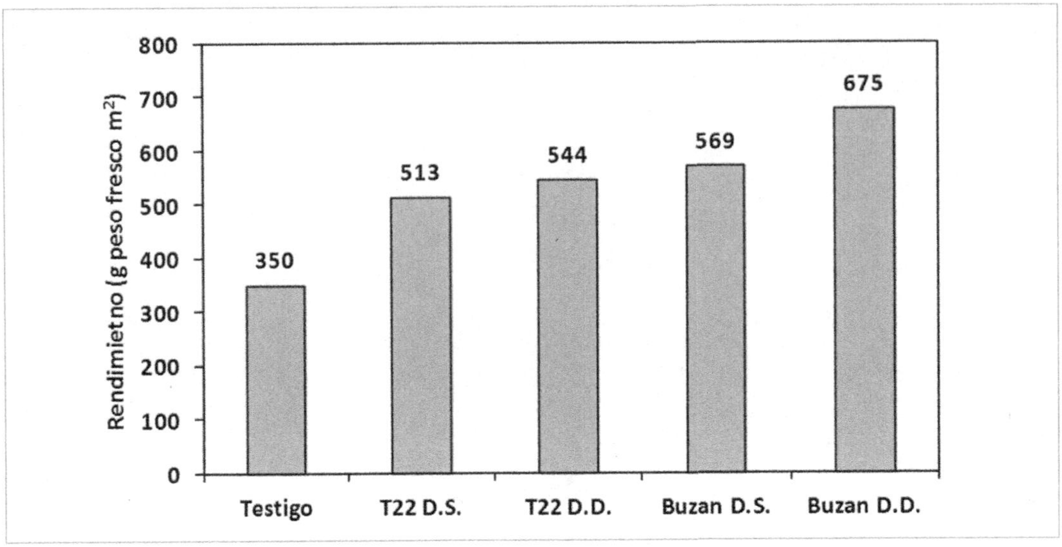

Grafica 1. Rendimiento obtenido en el cultivo de alfalfa, bajo el efecto de diversos tratamientos para el control de Fusarium sp., *en el Valle de Mexicali, B.C.*

lugar la dosis doble del producto T 22 a razón de 4.0 L/Ha. con apenas 5.0%. Dos de los tratamientos aplicados resultaron con valores negativos, T 22 (2 L/Ha) y el testigo, donde no se aplicó control alguno.

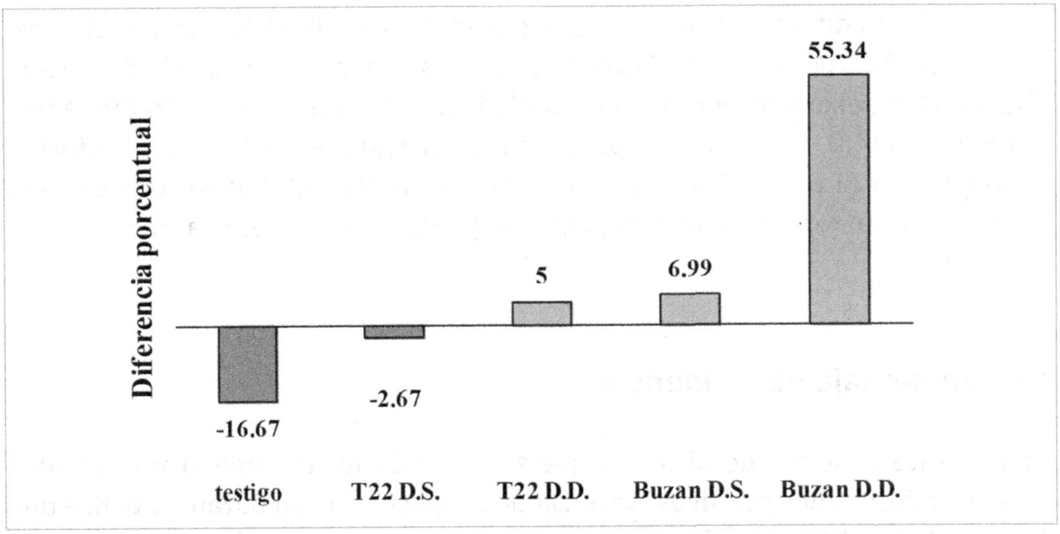

Gráfica 2. Diferencia porcentual de Incidencia lograda bajo el efecto de diversos tratamientos para el control de Fusarium sp., *en el Valle de Mexicali, B.C.*

4.3. Altura de planta

No obstante, se observó una diferencia de 5.03 cm entre el mejor tratamiento de BUZAN 30 VB D.D. con 27.60 cm. y el de menor altura, correspondiente al tratamiento testigo, con 22,57 cm (Gráfica 3).

4.4. Diámetro de tallo

En la Gráfica 4, se puede apreciar que el tratamiento con BUZAN 30 W.B. D.D. permitió el mejor ambiente para el desarrollo de la planta, observándose un grosor de tallo de 1.59 cm. solo contrastando con el tratamiento testigo,

4.5. Análisis Económico

Desde el punto de vista económico es posible identificar dos aspectos referidos al costo de cada producto: precio y eficiencia, dejando así la pregunta ¿Cuál de los dos productos es más eficiente y cuesta menos? Para ello se contó con la colabo-

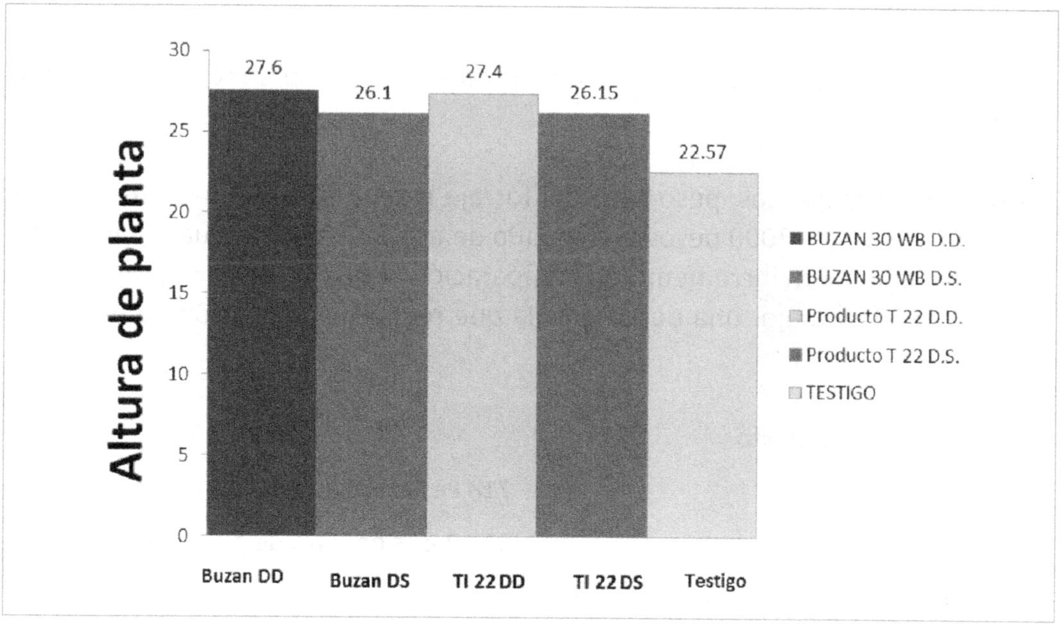

Gráfica 3. Altura del cultivo de alfalfa por efecto de diversos productos aplicado a la raíz. Valle de Mexicali, B.C.

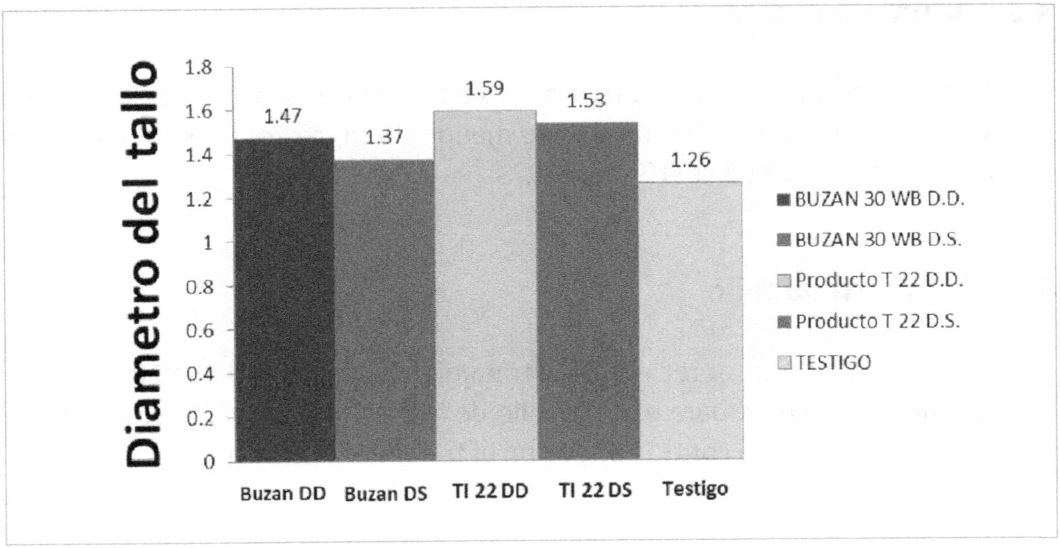

Gráfica 4. Diámetro del tallo del cultivo de alfalfa, efecto de diversos productos aplicado a la raíz. Valle de Mexicali, B.C.

ración de la empresa Quimical quien aportó los datos en cuanto al costo real de los productos (Tabla 9). Dando lugar a la siguiente evaluación en costo por aplicación, según se muestra en la Gráfica 5:

El análisis de inversión se realizó considerando a toda la superficie infectada (Tabla 10).

Costos de inversión fijos, peso seco del forraje igual a 20% del peso fresco y un precio promedio de 3000 pesos la tonelada de alfalfa. El aplicar cualquiera de los productos genera un incremento en comparación al testigo, pero si comparamos dosis de TI-22 es mejor una dosis sencilla que realizar la aplicación de una dosis

Producto	Costo
TI 22	718 Pesos por libra de producto
Buzan 30 W.B.	537 Pesos por litro de producto

Fuente: Empresa de agroquímicos QUIMICAL S.A. de C.V.

Tabla 9. Precio de los productos empleados para el control de la marchitez, en el cultivo de alfalfa.

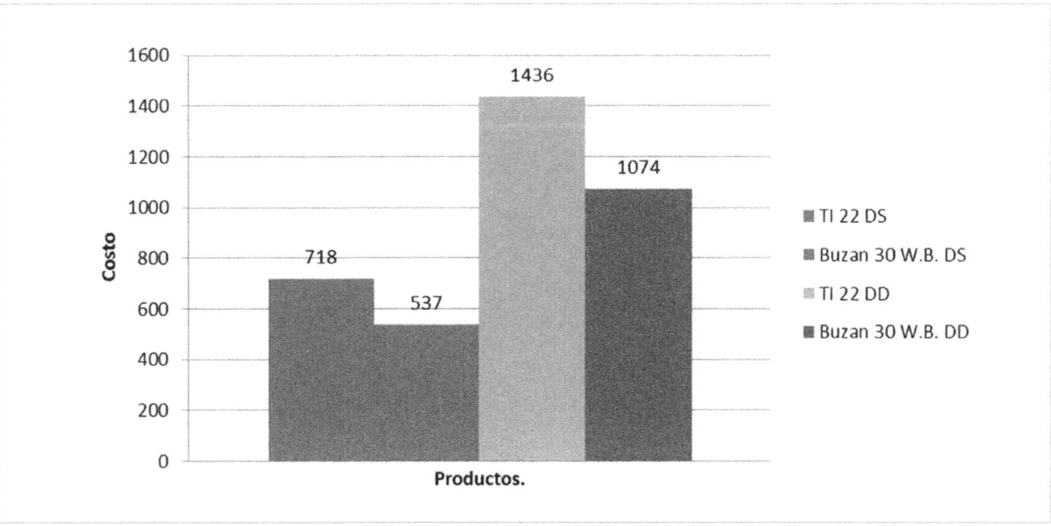

Gráfica 5. Valor de la aplicación de los tratamientos utilizados para el control de la marchitez en el cultivo de alfalfa.

doble, por el contrario la dosis doble de buzan incrementa 100 pesos más los ingresos que la dosis sencilla. Es por ello la importancia económica del agricultor ya que si se realizan aplicación con buzan si se refleja el efecto costo beneficio. Ya que en el incremento de ingresos se puede reflejar que aun con el descuento del producto queda una remuneración económica.

Descripción.	**Testigo**	**TI 22**	**TI 22 (doble)**	**Busan**	**Busan (doble)**
Inversión ($)	$ 0.00	$ 718.00	$ 1,436.00	$ 537.00	$ 1,074.00
Peso fresco (kg/ha)	3500	5130	5440	5690	6750
Peso seco (80% agua; kg/ha)	700	1026	1088	1138	1350
Ingreso bruto ($ 3,000.00 ton)	$ 2,100.00	$ 3,078.00	$ 3,264.00	$ 3,414.00	$ 4,050.00
Incremento en ingresos	$ 0.00	$ 2,360.00	$ 1,828.00	$ 2,877.00	$ 2,976.00

Tabla 10. Análisis del efecto costo-beneficio en el control de la marchitez en alfalfa, en el Valle de Mexicali, B.C.

Capítulo 5

Conclusiones

1. Con la aplicación del producto Buzan a dosis de 700 ml ha^{-1}, se obtuvo el mayor rendimiento, con 675.0 g de peso fresco por m^2.

2. Con la aplicación del producto Buzan a dosis de 700 ml ha^{-1} se redujo el porcentaje de incidencia de *Fusarium Oxisporum* en comparación con el testigo en un 55.34 %. Con la aplicación del producto Buzan a dosis de 700 ml ha^{-1}, se obtuvo el mayor rendimiento, con 675.0 g de peso fresco por m^2.

3. La altura de la planta no resultó afectada por la aplicación de ningún producto.

4. El diámetro del tallo no se afectó por los tratamientos aplicados al cultivo..

5. La aplicación de Buzan 30WB D.D además de ser la más efectiva con respecto a todas las variables, resulta ser más económica a los otros tratamientos.

6. La aplicación de TI-22 en dosis sencilla es más redituable que una aplicación doble, no obstante, con el producto Buzan, el realizar una aplicación doble incrementa el ingreso aún más que cualquier tratamiento.

AGRADECIMIENTOS

Se agradece al Instituto de Ciencias Agrícolas de la Universidad Autónoma de Baja California por el apoyo otorgado.

Bibliografía

Abawi, G. y Baker, K. (1984). Effects of cultivars soil temperature and population levels of *Meloidogyne incognita* on root necrosis and Fusarium wilt of tomato. Phytopathology 74, 433-438. http://dx.doi.org/10.1094/Phyto-74-433

Agrios, J.N. (2010). Fitopatología. Editorial LIMUSA. P. 57. México, D.F.

Alvarado, M. y Zamora, M.C. (1990). A study of the fungal disease of garlic in Zacatlan, Puebla, México. Revista Chapingo (Mexico). 15(67-68), 10-12. (Extr. Abstracts on Tropical Agriculture 1991. 16(11).

Armastrong, G. y Aamstrong, J. (1975). Reflections on the wilt *Fusarium*. Ann. Rev. Phytopathology. 13:95-103. http://dx.doi.org/10.1146/annurev.py.13.090175.000523

Booth C. (1977). *Fusarium.* Laboratory guide to the identification of the major species. Commonwealth Mycological Institute, Kew, Surrey. 12 p.

Ceceña, D.C. (1999). Comportamiento de las enfermedades en los cultivos agrícolas, en el Valle de Mexicali, B.C. Segundo Congreso Internacional en Ciencias Agrícolas ICA-UABC. P. 26-29. Mexicali, B.C. México.

Ceceña, D.C. (2000). Determinación de los agentes causales de la secadera de plántulas (Damping off) y su control en el cultivo del algodonero en el Valle de Mexicali,

B.C. Ciclos 1999-2000". Publicado en la memoria del evento académico del III Congreso Internacional en Ciencias Agrícolas, efectuado los días 9 y 10 de noviembre de 2000. pp. 240-246. Mexicali, B.C. México.

Naceña, D.C. (2001). Control integrado del carbón *(Urocystis cepulae)*, en el cultivo del ajo *Allium sativum* L.), en el DDR 002. Ciclo 2000-2001". Publicado en la memoria del evento académico: IV Congreso Internacional en Ciencias Agrícolas, efectuado los días 25 y 26 de octubre de 2001. pp. 151-153. Mexicali, B.C. México.

Cortés, N.J., López, L.F. y Cinco, C.R.A. (1999). Guía para cultivar alfalfa en los valles de Mexicali, B.C. y San Luis R.C. Sonora. Secretaría de Agricultura y Recursos Hidráulicos. INIFAP. Campo Agrícola Experimental, Valle de Mexicali. P 3. México.

Dongo S. y Muller, L. (1969). Estudio sobre la patogenicidad de *Fusarium oxysporum* f. sp. *Phaseoli* en frijol. II. Pruebas varietales. Turrialba 19(19), 82-90.

Mai W. y Abawi, G. (1987). Interactions among root knot nematodes and *Fusarium*wilt fungi on host plant. Annu. Rev. Phytopathology 25, 317-338. http://dx.doi.org/10.1146/annurev.py.25.090187.001533

Mace, M. y Bell, A. (1981). Fungal wilt disease of plants. New York. Academic Press. p. 640.

Mendoza, R.L. (1996). Aspectos fitoparasitarios en las hortalizas. In: 7mo. Congreso de Horticultura. P. 199. Hermosillo, Sonora. México.

Martinez, G. (1989). Pudrición basal en el cultivo del ajo. In: X Seminario Nacional de Fitopatología. Trujillo. Resúmenes. 63 p.

Olutiola, P. (1978). Growth, sporulation and production of pectic and cellulolytic enzymes in *Fusarium oxysporum*. Trans. Br. Mycol. Soc. 70(1), 109-114. http://dx.doi.org/10.1016/S0007-1536(78)80179-X

Pegg, G. (1985). Life in black hole - The microenvironment of the vascular pathogen. Presidential Address. Trans. Br. Mycol. Soc. 85(1), 1-20. http://dx.doi.org/10.1016/S0007-1528(85)80043-2

SAGARPA (2010). Servicio de Información Agroalimentaria y Pesquera (siap.mx) cierre de producción.

Stamatis, M. (1993). La evolución en el padrón de cultivos en el Valle de Mexicali. Un análisis regional». Instituto de Investigaciones Sociales. No. 11. P. 25. Universidad Autónoma de Baja California.

Steel, R.G.D. y Torrie, J.H. (1988). *Bioestadística, principios y procedimientos.* McGraw-Hill, Interamericano de México, S.A. de C.V. p.572. Yoo, S., K. Kobayashi y A. Ogoshi. 1991. Ocurrence of the basal root of garlic in Hokkaido (Japan). Memoirs of the Faculty of Agriculture Hokkaido University (Japan). V. 17(4), 389-397.

Made in the USA
Monee, IL
08 November 2026

67378681R00037